# 建筑装饰施工
## 习题册

曾庆杰◎主编

中国劳动社会保障出版社

## 简介

本习题册是全国职业院校建筑类专业教材《建筑装饰施工》的配套习题册。

本习题册按照教材章节顺序编写，包括填空题、选择题、判断题、名词解释、简答题等多种题型，并且提供实训任务书供学生课后练习使用。本习题册配有参考答案，可登录技工教育网（http://jg.class.com.cn）下载。

本习题册由曾庆杰任主编，戴海霞、施胜挺参与编写。

**图书在版编目（CIP）数据**

建筑装饰施工习题册 / 曾庆杰主编. -- 北京：中国劳动社会保障出版社，2024
全国职业院校建筑类专业教材
ISBN 978-7-5167-6370-4

Ⅰ. ①建… Ⅱ. ①曾… Ⅲ. ①建筑装饰 - 工程施工 - 职业教育 - 习题集 Ⅳ. ①TU767-44

中国国家版本馆 CIP 数据核字（2024）第 054138 号

**中国劳动社会保障出版社出版发行**
（北京市惠新东街 1 号　邮政编码：100029）
*
三河市华骏印务包装有限公司印刷装订　新华书店经销
787 毫米 × 1092 毫米　16 开本　3 印张　63 千字
2024 年 3 月第 1 版　2024 年 3 月第 1 次印刷
**定价：7.00 元**

营销中心电话：400-606-6496
出版社网址：http://www.class.com.cn
http://jg.class.com.cn

# 目录
CONTENTS

# 第一章 建筑装饰工程概述

## 一、填空题

1. 建筑装饰工程是____________的有机组成部分。

2. 建筑装饰工程按用途可分为____________、功能装饰、饰面装饰。

3. 建筑装饰施工的主要任务是按照国家、行业和地方有关的____________，完成装饰工程设计图样中的各项内容。

4. 建筑装饰工程的设计单位应具备相应的资质，并建立____________。

5. 建筑装饰工程施工单位在编制施工组织设计后应经过____________。

## 二、选择题

1. 下列选项中，不属于建筑装饰工程特点的是（　　）。

A. 属于边缘学科　　B. 技术与艺术有机结合

C. 具有较强的周期性　　D. 工程造价差别不大

2. 建筑装饰工程的施工环境温度对施工速度、工程质量和用料量均有重要影响，一般规定刷浆工程的施工环境温度不应低于（　　）℃。

A. 0　　B. 5　　C. 7　　D. 10

3. 下列选项中，最有利于保证施工质量顺序的是（　　）。

A. 先做顶棚，后做墙面和地面

B. 先做墙面，后做地面和顶棚

C. 先做地面，后做顶棚和墙面

D. 同时进行顶棚、墙面和地面的施工

4. 在建筑装饰工程施工中，使用胶粘剂时应按（　　）施工。

A. 季节性温度　　B. 室外温度

C. 胶粘剂产品说明　　D. 室内温度

5. 普通居住建筑属于（　　）建筑装饰等级。

A. 一级　　B. 二级

C. 三级　　D. 四级

6. 室内环境污染控制标准中，甲醛的浓度限值应不大于（　　）$mg/m^3$。

A. 0.06　　B. 0.08

C. 0.10　　D. 0.12

## 三、判断题

1．建筑装饰工程仅涉及建筑学的知识，与其他学科无关。（　）

2．建筑装饰工程是建筑工程的延伸和再创造，与建筑结构、设备等多方面有着密切的联系。（　）

3．抹灰、饰面、吊顶和隔断等分项工程，应待隔墙、钢木门窗框、预制混凝土楼板灌缝及暗装的管道、电线管和预埋件等完工后进行施工。（　）

4．建筑装饰工程的施工环境温度对施工无影响，因此不需要特别规定。（　）

5．建筑装饰施工的基本方法中，装配式的方法主要适用于铝合金扣板、压型钢板等材料。（　）

6．建筑装饰工程施工应符合《建筑装饰装修工程质量验收标准》（GB 50210—2018）的相关规定。（　）

7．承担建筑装饰工程施工的人员不需要有相应岗位的资格证书。（　）

## 四、名词解释

1．建筑装饰工程

2．总挥发性有机化合物

## 五、简答题

1．简述建筑装饰施工的基本方法。

2．简述建筑装饰工程的设计应符合的基本规定。

3．简述建筑装饰工程的材料应符合的基本规定。

4．简述室内环境污染的防治措施。

# 抹灰类饰面工程

## 一、填空题

1. ____________是指在建筑物墙面涂抹水砂石、斩假石、干粘石、假面砖等。

2. 抹灰工程分为____________和____________两个等级。

3. 建筑装饰施工中通常将采用一般抹灰构造作为饰面层的装饰装修工程称为____________。

4. ____________是古建做屋面青瓦时不可或缺的一种辅料。

5. ____________砂浆是夏热冬冷地区节能建筑较理想的复合保温隔热材料。

## 二、选择题

1. 下列选项中不属于抹灰常用工具的是（　　）。

A. 刮杠　　B. 抹子　　C. 喷壶　　D. 电钻

2. 抹灰用水泥宜采用的水泥强度等级为（　　）级以上。

A. 32.5　　B. 35　　C. 37.5　　D. 40

3. 水泥砂浆抹灰常温（　　）小时后应喷水养护。

A. 6　　B. 12　　C. 18　　D. 24

4. 下列选项中，关于施工环保措施的表述错误的是（　　）。

A. 大风天严禁筛制砂料、石灰等材料

B. 清理现场时，严禁从窗口、洞口、阳台等处抛撒垃圾、杂物

C. 清修机械时，废弃的棉丝（布）等可以燃烧处理

D. 砂子、石灰、散装水泥要封闭或苫盖并集中存放

5. 抹灰工程验收主控项目时，需检查（　　）。

①产品合格证书　②进场验收记录　③复验报告　④施工记录

A. ①②③　　B. ②③④　　C. ①②③④　　D. ①②③

6. 下列选项中，关于抹灰工程的成品保护表述正确的是（　　）。

①当抹灰层未充分凝结硬化前，防止快干、水冲、撞击、振动和挤压

②对已完成的抹灰工程应采取隔离、封闭或看护等措施加以保护

③施工时可以在休息平台上拌和灰浆

④后期施工操作人员可以踩窗台施工

A. ①②　　B. ②③　　C. ③④　　D. ①③

## 三、判断题

1．外抹灰主要作用是保护墙体和改善室内卫生条件。（　　）

2．石灰膏与水调和后具有凝固时间短，在空气中硬化时体积不收缩的特性。（　　）

3．遇有恶劣气候，影响安全施工时，申请批准后可以高空作业。（　　）

4．当灰饼砂浆达到四五成干时，即可用与抹灰层相同的砂浆冲筋。（　　）

5．堵缝工作要作为一道工序安排专人负责。（　　）

6．乘人的外用电梯、吊笼应有可靠的安全装置，人员可以随同运料吊篮、吊盘上下。（　　）

7．施工现场使用或维修机械时，应有防滴漏油措施。（　　）

## 四、名词解释

1．抹灰工程

2．钡砂砂浆

## 五、简答题

1．简述内墙抹灰的工艺流程。

2．简述外墙抹灰的工艺流程。

3. 简述抹灰工程验收时的检查内容。

4. 简述一般抹灰常见工程质量问题的防治方法。

# 贴面类饰面工程

## 一、填空题

1. ____________是指在建筑物墙面涂抹水砂石、斩假石、干粘石、假面砖等。

2. 贴面构造分为____________和____________饰面构造。

3. ____________是用天然大理石或花岗岩的碎石为填充料，用水泥、石膏和不饱和聚酯树脂为黏结剂，经搅拌、成型、研磨和抛光后制成。

4. 干挂法安装石板的方法有数种，主要区别在于所用连接件的形式不同，常用的是____________，也称钢销式。

5. 贴挂饰面施工要流水坡向正确，____________顺直。

## 二、选择题

1. 下列人造石装饰板，物理、化学性能最好的是（　　）。

A. 水泥型　　B. 聚酯型

C. 复合型　　D. 烧结型

2. 锚固灌浆法的主要特点有（　　）。

A. 工序较为简单

B. 不易泛碱

C. 对工人的技术水平要求较高

D. 施工进度快

3. 贴挂类饰面构造板材开裂产生的原因有（　　）。

A. 凿孔、开槽受到应力集中

B. 没有预拼和编号

C. 粘合层砂浆不饱满

D. 操作时未及时清洗板材上的砂浆等污染物

4. 下列选项中，属于预制块材贴面材料的是（　　）。

A. 瓷砖　　B. 大理石

C. 人造石材　　D. 花岗岩

5. 下列选项中，不是贴面类饰面工程常用机具的是（　　）。

A. 手提切割机　　B. 橡皮锤

C. 搅拌器　　D. 拌灰桶

6．下列选项中，关于普通墙面砖镶贴成品保护的表述错误的是（　　）。

A．施工顺序可以视情况随时调整

B．油漆粉刷不得将油漆喷滴在已贴的饰面砖上

C．各抹灰层在凝结前应防止风干、水冲和振动

D．搬、拆架子时注意不要碰撞墙面

## 三、判断题

1．外抹灰主要作用是保护墙体和改善室内卫生条件。（　　）

2．作为黏结材料的水泥出厂日期超过 6 个月不得使用。（　　）

3．釉面砖的吸水率不得大于 10%。（　　）

4．粘贴面砖所用的水泥、砂、胶粘剂等材料均应进行复验，合格后方可使用。（　　）

5．普通墙面砖镶贴时排砖如遇有凸出的卡件，可以用整砖套割吻合，也可以用非整砖拼凑镶贴。（　　）

6．饰面板安装必须牢固，严禁空鼓。（　　）

7．已完工的石材饰面应做好成品保护。（　　）

## 四、名词解释

1．贴面

2．马赛克

3．膨胀螺栓锚固法

## 五、简答题

1. 简述普通墙面砖镶贴的工艺流程。

2. 简述陶瓷锦砖（马赛克）镶贴的工艺流程。

3. 简述饰面板钢筋网片锚固灌浆法的工艺流程。

4. 简述饰面板膨胀螺栓锚固法的工艺流程。

# 第四章 涂料类饰面工程

## 一、填空题

1．涂料的成分有主要成膜物质、次要成膜物质和辅助成膜物质等。____________是组成涂料各种成分的核心。

2．建筑装饰涂料按成膜物质分为____________、____________和____________。

3．____________是用刮板将涂料厚浆料均匀地批刮于饰涂面上，形成 1 ~ 2 mm 厚涂层的施涂方法，多用于地面涂饰。

4．一般装修常用的内墙水性涂料是____________。

5．____________耐水性和耐候性差，一般用于室内刷底涂饰。

## 二、选择题

1．下列选项中不符合刷涂顺序的是（　　）。

A．先左后右　　B．先上后下

C．先难后易　　D．先面后边

2．待大面积刷匀刷齐后，将漆刷上的剩余涂料在料桶边上刮净，用漆刷的毛尖轻轻地在涂料面上顺木纹理顺，并且刷匀物面（构件）边缘和棱角上的流漆属于（　　）。

A．开油　　B．理油

C．横油　　D．竖油

3．下列选项中，关于涂料的表述错误的是（　　）。

A．主要成膜物质有油脂和树脂两种材料

B．颜料、填料、染料属于次要成膜物质

C．辅助成膜物质在涂料中用量很少，对改善涂料性能作用有限

D．挥发物质是指能将其他物质溶解而形成均一相溶液体的物质

4．下列选项中，不属于基层处理工具的是（　　）。

A．油灰刀　　B．腻子托板

C．橡胶刮板　　D．墨斗

5．砂壁状涂料属于（　　）。

A．苯 – 丙乳液涂料

B．合成树脂乳液砂壁状建筑涂料

C．聚氨酯系外墙涂料

D．复层建筑涂料

6．下列选项中，不属于涂料外墙设计要点的是（　　）。

A．通过虚实对比、色彩对比等手法创造出良好的视觉效果

B．通过构造设计解决污渍问题

C．选择自洁性一般的涂料

D．通过分隔缝设计控制开裂

## 三、判断题

1．刷涂层次一般不少于一层。（　　）

2．滚涂至接槎部位或达到一定段落时，应使用不蘸涂料的空辊子滚压一遍，以免接槎部位不匀而露出明显痕迹。（　　）

3．喷涂作业时，喷枪移动时应与喷涂面保持垂直。（　　）

4．抹涂面层一遍成活，不能反复抹压。（　　）

5．混凝土或抹灰基层涂刷溶剂型涂料时，含水率不得大于18%。（　　）

6．浆膜干燥前，应多吹热风加快干燥。（　　）

7．涂料所含水分应按比例调整，使用中可以加水稀释。（　　）

## 四、名词解释

1．油漆

2．咬底

3．渗色

4．流坠

## 五、简答题

1．简述内墙涂料施工的工艺流程。

2．简述外墙涂料施工的工艺流程。

3．简述涂料类饰面工程可能出现的质量问题。

# 裱糊类饰面工程

## 一、填空题

1．裱糊材料主要有____________和____________两种类型。

2．____________是一种新型软包，是用专用模具经高温一次热压成型，款式新颖，阻燃耐磨。

3．滚压工具主要是指____________。

4．裱糊前，应用____________刷涂基层。

5．对于裱糊墙纸的事先湿润，俗称____________。

## 二、选择题

1．用天然名贵木材切削而成，一般用于家具局部装饰、高级装饰拼花等的墙布种类是（　　）。

A．玻璃纤维墙布　　B．皮革合成革饰面

C．金属墙布　　D．微薄木饰面

2．下图代表的意思是（　　）。

A．已上底胶　　B．水平对花　　C．可擦洗　　D．掉头粘贴

3．在裱糊工程中，对于较重型的墙纸或纤维墙布，最适宜的剪裁工具是（　　）。

A．短刃剪刀　　B．长刃剪刀　　C．齿形轮刀　　D．刃形轮刀

4．下列选项中，不属于塑料墙纸特点的是（　　）。

A．质感丰富　　B．表面不吸水　　C．可擦洗　　D．强度好

5．木材基层的含水率不得大于（　　）才符合裱糊工程的要求。

A．6%　　B．8%　　C．10%　　D．12%

6．关于软包工程的安装位置及构造做法，下列说法正确的是（　　）。

A．可以随意更改设计要求的安装位置

B．构造做法应符合设计要求，但可以有所简化

C．安装位置和构造做法均应符合设计要求

D．只要外观美观，安装位置和构造做法可以灵活调整

## 三、判断题

1. 油灰铲刀主要用于修补基层表面的裂缝、孔洞及剥除旧裱糊面上的墙纸和墙布残留。 （  ）

2. 旧基层在裱糊前，不用清除旧装饰层，可以直接刷涂界面剂。 （  ）

3. 裱糊后的墙纸、墙布表面应平整，色泽应一致，不得有波纹起伏、气泡、裂缝、皱褶及污斑，斜视时可以有胶痕。 （  ）

4. 冬期在采暖条件下施工，要派专人负责看管，严防发生跑水、渗漏水等事故。 （  ）

5. 软包施工结束后将面层清理干净，现场垃圾清理完毕，只能用洒水清扫，不能用吸尘器清理，避免扫起灰尘，造成软包二次污染。 （  ）

6. 纺织纤维墙纸不能在水中浸泡，可先用洁净的湿布在其背面稍做擦拭，然后进行裱糊操作。 （  ）

7. 裱糊的基本顺序：先水平面，后垂直面；先细部，后大面；先保证垂直，后对花拼缝；垂直面先上后下，先长墙面、后短墙面；水平面先高后低。 （  ）

## 四、名词解释

1. 裱糊类饰面工程

2. 软包

## 五、简答题

1. 简述裱糊饰面工程施工的工艺流程。

2．简述软包施工的工艺流程。

3．简述防治裱糊类饰面工程中出现空鼓（起泡）的措施。

# 第六章 楼地面工程

## 一、填空题

1．楼面、地面的组成分为____________、____________和____________三部分。

2．水磨石地面按其面层的效果，可分为____________和____________。

3．磨光作业应采用____________方法进行。

4．____________是以优质瓷土烧制而成的小块瓷砖。

5．____________也称装配式地板，是一种架空地板，由面板、横梁（龙骨）、可调支架等组成。

## 二、选择题

1．下列选项中，关于水泥砂浆楼地面的特点描述错误的是（　　）。

A．即使施工操作不当，也不易产生起灰现象

B．造价低

C．施工简便

D．使用耐久

2．水泥地面完工后，养护工作是否到位对地面质量的影响很大，必须重视，当面层抗压强度达（　　）MPa 时才能上人操作。

A．1　　B．5

C．10　　D．15

3．下列选项中，关于现浇水磨石楼地面的特点描述错误的是（　　）。

A．美观大方　　B．平整光滑

C．施工工序少　　D．施工噪声大

4．下列选项中，不属于木楼地面按照构造形式分类的是（　　）。

A．现浇水磨石楼地面　　B．粘贴式木楼地面

C．实铺式木楼地面　　D．架空式木楼地面

5．下列选项中，不属于架空式木楼地面基层组成部分的是（　　）。

A．砖墙　　B．地垄墙

C．垫木　　D．木格栅

6．下列选项中，属于目前市场常见的地毯分类的是（　　）。

A．羊毛地毯、丝质地毯、麻质地毯、棉质地毯

B．羊毛地毯、纯羊毛无纺地毯、化纤地毯、混纺地毯

C．羊毛地毯、纯羊毛无纺地毯、化纤地毯、合成纤维栽绒地毯

D．纯棉地毯、亚麻地毯、尼龙地毯、聚酯地毯

## 三、判断题

1．楼地面装饰包括楼面装饰和地面装饰两部分，两者的主要区别是其饰面承托层不同。（ ）

2．垫层的作用是承担其上面的全部荷载，它是楼地面的基体。（ ）

3．对于卫生间等防水要求较高的水泥砂浆楼地面，在结构层与装修装饰层之间要加设防水层。（ ）

4．当先做水泥砂浆地面，后进行墙面抹灰时，要特别注意对面层进行覆盖，并在面层上拌和砂浆和储存砂浆。（ ）

5．现浇水磨石楼地面施工时，同一单项工程地面，应使用同一个出厂批号的水泥。（ ）

6．现浇水磨石楼地面施工所用石子料径及颜色进货后由设计人定板。（ ）

7．根据材质不同，木地板一般分为普通纯木地板、复合木地板和软木地板。（ ）

## 四、名词解释

1．水磨石

2．块材式楼地面

3．石材楼地面

4．木楼地面

## 五、简答题

1．简述楼地面的功能。

2．简述水泥砂浆楼地面施工工艺流程。

3．简述现浇水磨石楼地面施工工艺流程。

4．简述陶瓷锦砖楼地面施工工艺流程。

5．简述天然及人造石材楼地面施工应注意的质量问题。

6．简述活动地板地面施工的作业条件。

# 第七章 吊顶工程

## 一、填空题

1. 吊顶悬挂系统包括____________、____________。

2. 吊顶轻金属龙骨通常分为____________和____________两类。

3. 建筑装饰工程中所用木质龙骨材料，应按规定选材并进行构造上的____________。

4. 吊顶面板一般选用____________或五夹板。

5. ____________的饰面是由各类格栅形成的，这些格栅既可与T形龙骨结合，也可不加分格，而由多个单体组装而成。

## 二、选择题

1. 吊顶主要由（　　）组成。

A. 悬挂系统、龙骨架、地面层及相配套的连接件

B. 悬挂系统、龙骨架、饰面层及相配套的连接件和紧固件

C. 承重系统、龙骨架、饰面层及相配套的连接件和配件

D. 吊顶板、龙骨架、饰面层及相配套的连接件和配件

2. 饰面板与龙骨架底部可以采取的连接方式有（　　）。

A. 焊接和铆接　　　　B. 钉接和螺纹连接

C. 胶粘和扣挂　　　　D. 搁置和焊接

3. 下列选项中，关于木龙骨吊顶的表述不正确的是（　　）。

A. 造型能力强　　　　B. 以木质龙骨为基本骨架

C. 加工方便　　　　D. 适用于大面积吊顶

4. 常用吊顶工具包括（　　）。

A. 电动冲击钻、手电钻、砂轮机、气动螺丝刀

B. 电动修边机、电焊机、电动射钉枪、切割机

C. 手电钻、电动修边机、电动或气动射钉枪、切割机

D. 木刨、槽刨、锯、砂纸、喷枪、油漆刷

5. 下列选项中，关于安装吊点紧固件的方法不正确的是（　　）。

A. 使用锤子将角铁直接钉在建筑底面上

B. 用冲击钻在建筑结构底面上打孔后固定

C．使用射钉枪将角铁固定在建筑底面上

D．用预埋件在建筑结构中预先设置好吊点

6．下列选项中，关于轻钢龙骨吊顶的表述不正确的是（　　）。

A．设置灵活　　　　　　　　　B．广泛用于公共建筑

C．装拆复杂　　　　　　　　　D．强度高

## 三、判断题

1．根据骨架材料的不同，吊顶可分为活动式装配吊顶、隐蔽式装配吊顶、开敞式吊顶和整体式吊顶等。（　　）

2．主龙骨是吊顶龙骨体系中固定饰面板的受力构件。（　　）

3．当吊顶为单层龙骨时，设大龙骨吊在结构层下部。（　　）

4．由 L 形、T 形铝合金龙骨组装的轻型吊顶龙骨架，此种龙骨架承载力强，可以上人。（　　）

5．罩面板常有明装、暗装和半隐装三种安装方式。（　　）

6．嵌缝时采用石膏腻子，嵌填钉孔采用石膏腻子和穿孔纸带或网格胶带。（　　）

7．已装轻钢骨架不得上人踩踏。其他工种吊挂件不得吊于轻钢骨架上。（　　）

## 四、名词解释

1．吊顶

2．轻钢龙骨吊顶

## 五、简答题

1．简述木龙骨吊顶的施工工艺流程。

2．简述轻钢龙骨吊顶的施工工艺流程。

3．简述软质吊顶的主要构造要点。

4．简述吊顶与设备衔接不好的产生原因和相应的防治方法。

# 第八章 隔墙与隔断工程

## 一、填空题

1. ____________是以建筑石膏为主要原料，掺加适量的粉煤灰、水泥和增强纤维制浆拌和，再经浇铸成型、抽芯、干燥等工艺制成的轻质板材。

2. 墙板的固定一般常用____________法。

3. 加气混凝土板隔墙一般采用竖直安装法，其连接固定有__________和__________两种方法。

4. 罩是一种附着于柱和梁的空间分隔物，常用细木制作。两侧落地的称为____________，两侧不落地的称为____________。

5. 落地玻璃木隔断的安装过程中，首先在隔断的相应位置安装竖向木骨架，并与____________、____________及楼板连接。之后固定上下槛，并最后固定玻璃。对于大面积玻璃板，当玻璃放入木框后，应在木框的上部和侧边留出约____________mm 的缝隙，以避免玻璃因受热而开裂。

## 二、选择题

1. 下列选项中，关于现代室内隔墙与隔断的区别表述正确的是（　　）。

A. 隔墙通常不到顶，而隔断则总是到顶的

B. 隔墙和隔断都能完全分隔空间，但隔断更容易移动和拆除

C. 隔墙在一定程度上满足隔声、阻隔视线的要求，并可分隔有特定要求的房间；而隔断在这些方面的要求较低

D. 隔墙和隔断都是承重结构，用于支撑建筑的重量

2. 下列选项中，关于轻钢龙骨纸面石膏板隔墙和纸面石膏板的表述正确的是（　　）。

A. 纸面石膏板易于加工，如裁、钉、刨、钻、黏结等，表面平整且施工方便

B. 纸面石膏板具有防火、隔声性能，但不具备抗震和防蛀性能

C. 轻钢龙骨纸面石膏板隔墙是一种湿作业墙体，施工时需要大量的水泥和砂浆

D. 轻钢龙骨纸面石膏板隔墙施工速度慢、成本高，但装饰效果美观

3. 下列关于博古架的描述，说法是正确的是（　　）。

A. 博古架只有装饰价值

B. 博古架能陈列各种古玩和器皿，体现其实用价值

C．博古架常用于卧室和厨房的空间分隔

D．博古架的装饰价值与其分格形式和做工无关

4．下列关于现代建筑隔断分类的描述，说法正确的是（　　）。

A．按隔断的固定方式，主要分为推拉式隔断和折叠式隔断

B．玻璃隔断和金属隔断是按隔断的开启方式分类的

C．家具式隔断和屏风式隔断是按隔断的材料分类的

D．固定式隔断和活动式隔断是按隔断的固定方式分类的

5．下列关于活动式隔断的描述，说法正确的是（　　）。

A．活动式隔断不能随意移动

B．活动式隔断只能将空间分隔成几个小空间，不能形成大空间

C．活动式隔断的特点是灵活多变，可以随时打开和关闭

D．活动式隔断镶嵌玻璃的目的是增加其重量和稳定性

6．下列关于折叠式隔断的描述，说法正确的是（　　）。

A．折叠式隔断是由单扇隔扇和滑轮组成的

B．折叠式隔断的隔扇之间是通过铰链连接在一起的

C．折叠式隔断的隔扇不能随意展开和收拢

D．为了增加折叠式隔断的稳定性，每个隔扇上应安装多个转向滑轮

## 三、判断题

1．石膏板场外运输时应选择车厢宽度小于 2 m、长度小于板长的车辆。（　　）

2．嵌缝做法，又称明缝做法，用特制工具（针锉和针锯）将板与板之间的立缝勾成凹缝。（　　）

3．干密度为 500 kg/m$^3$ 的加气混凝土板被称为 500 级，也被称为 30 号。（　　）

4．泰柏板不具备防火、防水、隔声的性能。（　　）

5．开放式办公室的隔断，高度为 1.3 ～ 2 m。（　　）

6．玻璃隔断是将玻璃安装在框架上的空透式隔断。（　　）

7．不锈钢圆柱框玻璃隔断的装饰效果较差，不适合现代装饰风格。（　　）

## 四、名词解释

1．隔墙

2．隔断

3．隔扇

## 五、简答题

1．简述隔墙安装施工的顺序。

2．简述泰柏板的特点和分类。

# 第九章 细木工程

## 一、填空题

1. 木材中所含水的重量与木材干燥重量的百分比称为____________。

2. 木材细胞壁中的吸附水达到饱和时，细胞腔和细胞之间无自由水时的含水率称为____________。

3. 细木制品的金属配件、钉子、木螺钉等，其____________、____________和____________等必须满足设计要求，以确保制品的稳固性和安全性。

4. 窗帘盒的制作首先根据____________或____________的要求，认真地选料、配料，先加工成半成品，再细致加工成型。

5. 当窗户的宽度超过____________m 时，窗帘轨应该在中间位置断开，并确保断头处经过煨弯处理且相互错开，其弯曲部分应该保持____________，而两个断头连接的重叠部分长度应不少于____________mm。

## 二、选择题

1. 下列关于木材的物理性质，说法正确的是（　　）。

A. 木材体积不会随纤维细胞壁含水率的变化而变化

B. 木材构造的不均匀性导致了其在不同方向上的湿胀干缩程度相同

C. 木材的弦向干缩通常小于 3%

D. 木材的纵向干缩一般小于径向和弦向的干缩

2. 下列关于木材的选择，说法正确的是（　　）。

①硬木因为变形小，是制作重要承重构件的理想材料

②软木变形大，不宜作为承重构件，但可用于饰面

③硬木虽有较大的变形，但其美丽的花纹使其成为饰面的好选择

④根据构件在结构中的位置和受力情况，可以选择使用边材或芯材

A. ①④　　　　B. ②③

C. ③④　　　　D. ①②

3. 下列关于构件装配的顺序，说法正确的是（　　）。

A. 装配的顺序应先分部后总体进行

B. 装配时可以直接固结，不需要进行临时固定和调整

C. 装配的顺序应先外后里

D．装配时只需要考虑总体的装配顺序，分部装配的顺序不重要

4．在窗框的下槛上为了安装窗台板需要做（　　）处理。

A．裁切　　B．钻孔

C．裁口或打槽　　D．涂胶

5．在贴脸板的制作过程中，首先需要检查（　　）。

A．木料的湿度

B．贴脸板的设计图

C．配料的规格、质量和数量

D．刨子的锋利程度

6．下列关于暗步楼梯的描述，说法正确的是（　　）。

A．暗步楼梯的踏步在侧面外观时是明露的

B．暗步楼梯的宽度一般限制在 800 mm 以内

C．暗步楼梯的结构特点是在斜梁上开凿凹槽，用于镶嵌踏脚板和踢脚板

D．暗步楼梯在安装时不需要考虑与另一根斜梁的合拢敲实

## 三、判断题

1．构件在结构中位置不同，受力也不同。（　　）

2．木作下料尺寸要小于设计尺寸。（　　）

3．为了确保窗帘盒的牢固安装和正确位置，首先应检查预埋件。（　　）

4．木筒子板的安装，一般是根据设计要求在砖或混凝土墙体中埋入经过防腐处理的木砖，间距一般为 800 mm。（　　）

5．制作贴脸板时，应先刨小面，再刨大面，确保表面平直光滑。（　　）

6．木楼梯主要适宜人流大的场所。（　　）

7．木楼梯制作前，在铺好的木板或水泥地面上，根据施工图样把楼梯的踏步高度、宽度、级数及平台尺寸放出尺寸大样。（　　）

## 四、名词解释

1．细木装修

2．贴脸板

## 五、简答题

1．简述细木制品的主要安装工序。

2．简述细木制品在施工时应当注意的事项。

3．简述墙面木饰施工工艺流程。

# 实训任务书

## 一、抹灰类饰面工程实训任务书

【实训目的】

1．熟悉抹灰类饰面工程的种类。

2．熟悉一般抹灰施工的流程。

3．掌握一般抹灰施工的操作要点。

4．培养学生吃苦耐劳、团结协作的意识。

【实训内容与要求】

1．内容

观看一般抹灰施工的操作视频，参观建筑材料实训室，学生动手实践。

2．要求

（1）观看视频后对一般抹灰施工的工艺流程进行全面的总结。

（2）在规定时间内，以小组为单位完成单面墙的抹灰施工，并在完成后组织学生对实训室进行打扫。

（3）课后完成一般抹灰施工实训报告的填写。

【实训方法和具体步骤】

1．观看一般抹灰施工操作视频，使学生了解施工工艺流程。

2．组织学生前往建筑材料实训室参观墙面抹灰饰面模型，使学生进一步理解抹灰施工时的注意事项。

3．组织学生前往装饰装修实训室，分组进行墙面抹灰饰面实际操作，通过实践，掌握施工操作要点。

【实训考核标准】

本课程考核方式与标准的制定旨在促进学生掌握岗位技能、提高综合素质和掌握专业基础知识。

（一）综合素质评价

指导教师根据学生认真程度及实训报告填写的综合情况，进行考核评价（满分为100分）。具体考核内容如下。

1．考勤、学习认真程度、团队精神等综合表现。

2．成果整体质量（卷面整洁、文字规范、图表齐全等）。

（二）实践小组互评考核

每个小组根据成员表现情况给出成员成绩（满分为 100 分）。具体考核内容如下。

1. 实训态度占 30%。

2. 实训工作量占 40%。完成全部分配工作量且不需要修改的得满分，完成全部分配工作量需要修改的得 30 ~ 40 分，部分完成分配工作量的得 15 ~ 30 分，完全不做的扣 40 分。

3. 其他贡献占 30%。收集资料或者提供思路被采用最多的，或者处理复杂问题最多的得 30 分，未提供资料或者思路的得 0 分。

个人成绩 = 综合素质评价成绩 ×0.6+ 实践小组互评考核成绩 ×0.4

## 二、贴面类饰面工程实训任务书

【实训目的】

1．熟悉贴面类饰面工程的种类。

2．熟悉墙面砖镶贴的施工流程。

3．掌握墙面砖镶贴的施工操作要点。

4．培养学生吃苦耐劳、团结协作的意识。

【实训内容与要求】

1．内容

观看墙面砖镶贴的施工操作视频，参观建筑材料实训室，学生动手实践。

2．要求

（1）观看视频后对墙面砖镶贴的施工工艺流程进行全面的总结。

（2）在规定时间内，以小组为单位完成单面墙的饰面砖镶贴施工，并在完成后组织学生对实训室进行打扫。

（3）课后完成墙面砖镶贴实训报告的填写。

【实训方法和具体步骤】

1．观看墙面砖镶贴施工操作视频，使学生了解施工工艺流程。

2．组织学生前往建筑材料实训室参观墙面饰面砖模型，使学生进一步理解墙面砖镶贴施工时的注意事项。

3．组织学生前往装饰装修实训室，分组进行墙面砖镶贴实际操作，通过实践，掌握施工操作要点。

【实训考核标准】

本课程考核方式与标准的制定旨在促进学生掌握岗位技能、提高综合素质和掌握专业基础知识。

（一）综合素质评价

指导教师根据学生认真程度及实训报告填写的综合情况，进行考核评价（满分为100分）。具体考核内容如下。

1．考勤、学习认真程度、团队精神等综合表现。

2．成果整体质量（卷面整洁、文字规范、图表齐全等）。

（二）实践小组互评考核

每个小组根据成员表现情况给出成员成绩（满分为100分）。具体考核内容如下。

1．实训态度占30%。

2．实训工作量占40%。完成全部分配工作量且不需要修改的得满分，完成全部分配工作量需要修改的得30 ~ 40分，部分完成分配工作量的得15 ~ 30分，完全不做的扣40分。

3．其他贡献占30%。收集资料或者提供思路被采用最多的，或者处理复杂问题

最多的得 30 分，未提供资料或者思路的得 0 分。

个人成绩 = 综合素质评价成绩 ×0.6+ 实践小组互评考核成绩 ×0.4

## 三、涂料类饰面工程实训任务书

【实训目的】

1．熟悉涂料类饰面工程的种类。

2．熟悉涂料类饰面工程的施工流程。

3．掌握涂料类饰面工程的施工操作要点。

4．培养学生吃苦耐劳、团结协作的意识。

【实训内容与要求】

1．内容

观看涂料类饰面工程的施工操作视频，参观建筑材料实训室，学生动手实践。

2．要求

（1）观看视频后对涂料类饰面工程的施工工艺流程进行全面的总结。

（2）在规定时间内，以小组为单位完成单面墙的涂料类饰面工程施工，并在完成后组织学生对实训室进行打扫。

（3）课后完成涂料类饰面工程施工实训报告的填写。

【实训方法和具体步骤】

1．观看涂料类饰面工程的施工操作视频，使学生了解施工工艺流程。

2．组织学生前往建筑材料实训室参观涂料饰面模型，使学生进一步理解涂料类饰面工程施工时的注意事项。

3．组织学生前往装饰装修实训室，分组进行涂料类饰面工程的实际操作，通过实践，掌握施工操作要点。

【实训考核标准】

本课程考核方式与标准的制定旨在促进学生掌握岗位技能、提高综合素质和掌握专业基础知识。

（一）综合素质评价

指导教师根据学生认真程度及实训报告填写的综合情况，进行考核评价（满分为100分）。具体考核内容如下。

1．考勤、学习认真程度、团队精神等综合表现。

2．成果整体质量（卷面整洁、文字规范、图表齐全等）。

（二）实践小组互评考核

每个小组根据成员表现情况给出成员成绩（满分为100分）。具体考核内容如下。

1．实训态度占30%。

2．实训工作量占40%。完成全部分配工作量且不需要修改的得满分，完成全部分配工作量需要修改的得30～40分，部分完成分配工作量的得15～30分，完全不做的扣40分。

3．其他贡献占30%。收集资料或者提供思路被采用最多的，或者处理复杂问题

最多的得 30 分，未提供资料或者思路的得 0 分。

个人成绩 = 综合素质评价成绩 ×0.6+ 实践小组互评考核成绩 ×0.4

## 四、裱糊类饰面工程实训任务书

【实训目的】

1．熟悉裱糊类饰面工程的种类。

2．熟悉裱糊类饰面工程的施工流程。

3．掌握裱糊类饰面工程的施工操作要点。

4．培养学生吃苦耐劳、团结协作的意识。

【实训内容与要求】

1．内容

观看裱糊类饰面工程的施工操作视频，参观建筑材料实训室，学生动手实践。

2．要求

（1）观看视频后对裱糊类饰面工程的施工工艺流程进行全面的总结。

（2）在规定时间内，以小组为单位完成单面墙的裱糊类饰面工程施工，并在完成后组织学生对实训室进行打扫。

（3）课后完成裱糊类饰面工程施工实训报告的填写。

【实训方法和具体步骤】

1．观看裱糊类饰面工程的施工操作视频，使学生了解施工工艺流程。

2．组织学生前往建筑材料实训室参观墙纸裱糊模型，使学生进一步理解裱糊类饰面工程施工时的注意事项。

3．组织学生前往装饰装修实训室，分组进行裱糊类饰面工程的实际操作，通过实践，掌握施工操作要点。

【实训考核标准】

本课程考核方式与标准的制定旨在促进学生掌握岗位技能、提高综合素质和掌握专业基础知识。

（一）综合素质评价

指导教师根据学生认真程度及实训报告填写的综合情况，进行考核评价（满分为100分）。具体考核内容如下。

1．考勤、学习认真程度、团队精神等综合表现。

2．成果整体质量（卷面整洁、文字规范、图表齐全等）。

（二）实践小组互评考核

每个小组根据成员表现情况给出成员成绩（满分为100分）。具体考核内容如下。

1．实训态度占30%。

2．实训工作量占40%。完成全部分配工作量且不需要修改的得满分，完成全部分配工作量需要修改的得30 ~ 40分，部分完成分配工作量的得15 ~ 30分，完全不做的扣40分。

3．其他贡献占30%。收集资料或者提供思路被采用最多的，或者处理复杂问题

最多的得 30 分，未提供资料或者思路的得 0 分。

个人成绩 = 综合素质评价成绩 ×0.6+ 实践小组互评考核成绩 ×0.4

## 五、楼地面饰面工程实训任务书

【实训目的】

1．熟悉楼地面饰面工程的种类。

2．熟悉楼地面饰面工程的施工流程。

3．掌握楼地面饰面工程的施工操作要点。

4．培养学生吃苦耐劳、团结协作的意识。

【实训内容与要求】

1．内容

观看楼地面饰面工程的施工操作视频，参观建筑材料实训室，学生动手实践。

2．要求

（1）观看视频后对楼地面饰面工程的施工工艺流程进行全面的总结。

（2）在规定时间内，以小组为单位完成单面墙的楼地面饰面工程施工，并在完成后组织学生对实训室进行打扫。

（3）课后完成楼地面饰面工程施工实训报告的填写。

【实训方法和具体步骤】

1．观看楼地面饰面工程的施工操作视频，使学生了解施工工艺流程。

2．组织学生前往建筑材料实训室参观楼地面饰面模型，使学生进一步理解楼地面饰面工程施工时的注意事项。

3．组织学生前往装饰装修实训室，分组进行楼地面饰面工程的实际操作，通过实践，掌握施工操作要点。

【实训考核标准】

本课程考核方式与标准的制定旨在促进学生掌握岗位技能、提高综合素质和掌握专业基础知识。

（一）综合素质评价

指导教师根据学生认真程度及实训报告填写的综合情况，进行考核评价（满分为100分）。具体考核内容如下。

1．考勤、学习认真程度、团队精神等综合表现。

2．成果整体质量（卷面整洁、文字规范、图表齐全等）。

（二）实践小组互评考核

每个小组根据成员表现情况给出成员成绩（满分为100分）。具体考核内容如下。

1．实训态度占30%。

2．实训工作量占40%。完成全部分配工作量且不需要修改的得满分，完成全部分配工作量需要修改的得30 ~ 40分，部分完成分配工作量的得15 ~ 30分，完全不做的扣40分。

3．其他贡献占30%。收集资料或者提供思路被采用最多的，或者处理复杂问题

最多的得 30 分，未提供资料或者思路的得 0 分。

个人成绩 = 综合素质评价成绩 ×0.6+ 实践小组互评考核成绩 ×0.4

## 六、吊顶工程实训任务书

【实训目的】

1. 熟悉吊顶工程的种类。
2. 熟悉轻钢龙骨吊顶的施工流程。
3. 掌握轻钢龙骨吊顶的施工操作要点。
4. 培养学生吃苦耐劳、团结协作的意识。

【实训内容与要求】

1. 内容

观看轻钢龙骨吊顶的施工操作视频、参观建筑材料实训室。

2. 要求

（1）观看视频后对轻钢龙骨吊顶的施工工艺流程进行全面的总结。

（2）课后完成轻钢龙骨吊顶施工实训报告的填写。

【实训方法和具体步骤】

1. 观看轻钢龙骨吊顶的施工操作视频，使学生了解施工工艺流程。

2. 组织学生前往建筑材料实训室参观轻钢龙骨吊顶模型，使学生进一步理解其施工时的注意事项。

【实训考核标准】

本课程考核方式与标准的制定旨在促进学生掌握岗位技能、提高综合素质和掌握专业基础知识。

指导教师根据学生认真程度及实训报告填写的综合情况，进行考核评价（满分为100分）。具体考核内容如下。

1. 考勤、学习认真程度、团队精神等综合表现。
2. 成果整体质量（卷面整洁、文字规范、图表齐全等）。

## 七、隔墙工程实训任务书

【实训目的】

1．熟悉隔墙工程的种类。

2．熟悉轻钢龙骨隔墙的施工流程。

3．掌握轻钢龙骨隔墙的施工操作要点。

4．培养学生吃苦耐劳、团结协作的意识。

【实训内容与要求】

1．内容

观看轻钢龙骨隔墙的施工操作视频，参观建筑材料实训室。

2．要求

（1）观看视频后对轻钢龙骨隔墙的施工工艺流程进行全面的总结。

（2）课后完成轻钢龙骨隔墙施工实训报告的填写。

【实训方法和具体步骤】

1．观看轻钢龙骨隔墙的施工操作视频，使学生了解施工工艺流程。

2．组织学生前往建筑材料实训室参观轻钢龙骨隔墙模型，使学生进一步理解其施工时的注意事项。

【实训考核标准】

本课程考核方式与标准的制定旨在促进学生掌握岗位技能、提高综合素质和掌握专业基础知识。

指导教师根据学生认真程度及实训报告填写的综合情况，进行考核评价（满分为100分）。具体考核内容如下。

1．考勤、学习认真程度、团队精神等综合表现。

2．成果整体质量（卷面整洁、文字规范、图表齐全等）。

## 八、细木工程实训任务书

**【实训目的】**

1．熟悉细木工程的种类。

2．熟悉细木工程的施工流程。

3．掌握细木工程的施工操作要点。

4．培养学生吃苦耐劳、团结协作的意识。

**【实训内容与要求】**

1．内容

观看细木工程的施工操作视频，参观建筑材料实训室。

2．要求

（1）观看视频后对细木工程的施工工艺流程进行全面的总结。

（2）课后完成细木工程施工实训报告的填写。

**【实训方法和具体步骤】**

1．观看细木工程的施工操作视频，使学生了解施工工艺流程。

2．组织学生前往建筑材料实训室参观细木工程模型，使学生进一步理解其施工时的注意事项。

**【实训考核标准】**

本课程考核方式与标准的制定旨在促进学生掌握岗位技能、提高综合素质和掌握专业基础知识。

指导教师根据学生认真程度及实训报告填写的综合情况，进行考核评价（满分为100分）。具体考核内容如下。

1．考勤、学习认真程度、团队精神等综合表现。

2．成果整体质量（卷面整洁、文字规范、图表齐全等）。